BEI GRIN MACHT SICH IHR WISSEN BEZAHLT

- Wir veröffentlichen Ihre Hausarbeit, Bachelor- und Masterarbeit

- Ihr eigenes eBook und Buch - weltweit in allen wichtigen Shops

- Verdienen Sie an jedem Verkauf

Jetzt bei www.GRIN.com hochladen und kostenlos publizieren

Bibliografische Information der Deutschen Nationalbibliothek:

Die Deutsche Bibliothek verzeichnet diese Publikation in der Deutschen Nationalbibliografie; detaillierte bibliografische Daten sind im Internet über http://dnb.d-nb.de/ abrufbar.

Dieses Werk sowie alle darin enthaltenen einzelnen Beiträge und Abbildungen sind urheberrechtlich geschützt. Jede Verwertung, die nicht ausdrücklich vom Urheberrechtsschutz zugelassen ist, bedarf der vorherigen Zustimmung des Verlages. Das gilt insbesondere für Vervielfältigungen, Bearbeitungen, Übersetzungen, Mikroverfilmungen, Auswertungen durch Datenbanken und für die Einspeicherung und Verarbeitung in elektronische Systeme. Alle Rechte, auch die des auszugsweisen Nachdrucks, der fotomechanischen Wiedergabe (einschließlich Mikrokopie) sowie der Auswertung durch Datenbanken oder ähnliche Einrichtungen, vorbehalten.

Impressum:

Copyright © 2017 GRIN Verlag
Druck und Bindung: Books on Demand GmbH, Norderstedt Germany
ISBN: 9783668542556

Dieses Buch bei GRIN:

https://www.grin.com/document/372824

Lukas Krüger, Aaron Lehser

Die Pest und ihre Auswirkungen aus geschichtlicher und biologischer Sicht

GRIN Verlag

GRIN - Your knowledge has value

Der GRIN Verlag publiziert seit 1998 wissenschaftliche Arbeiten von Studenten, Hochschullehrern und anderen Akademikern als eBook und gedrucktes Buch. Die Verlagswebsite www.grin.com ist die ideale Plattform zur Veröffentlichung von Hausarbeiten, Abschlussarbeiten, wissenschaftlichen Aufsätzen, Dissertationen und Fachbüchern.

Besuchen Sie uns im Internet:

http://www.grin.com/

http://www.facebook.com/grincom

http://www.twitter.com/grin_com

Die Pest und ihre Auswirkungen

Von

Aaron Lehser & Lukas Krüger

Fach: Differenzierungskurs II Biologie/Chemie

Abgabe: 16.06.2017

Inhalt

1. Einleitung 3

2. Was ist die Pest? 3

3. Die Pest in der Vergangenheit 3

    3.1 Der „Schwarze Tod" 4

4. Die Pest aus biologischer Sicht 4

    4.1 Der Erreger Yersina pestis 4

    4.2 Entstehung und Verlauf der Krankheit 5

    4.3 Virulenzfaktoren 6

    4.4 Arten der Pest 6

        4.4.1 Beulenpest 6

        4.4.2 Lungenpest 7

        4.4.3 Pestsepsis 8

1. Einleitung

Die Pest beschäftigt Europa und fast die gesamte Welt schon seit mehreren Jahrhunderten. Ausbruch und Folgen sind bei dieser Krankheit enorm und kaum zu stoppen. Sie hat die Geschichte und das heutige Europa maßgeblich geprägt. Die Pest ist und war eine der gefährlichsten Krankheiten und ist bis heute immer noch nicht ausgerottet. Die Pest hat mehreren tausend Menschen das Leben genommen und könnte heutzutage ein genauso enormes und verheerendes Ergebnis anrichten.

Das komplexe Thema Pest kann einerseits von geschichtlicher und andererseits von biologischer Seite betratet werden. In dieser Facharbeit werden beide Aspekte berücksichtigt.

2. Was ist die Pest?

Abgeleitet wird der Name vom lateinischen Wort „pestis", was Seuche in Deutsch bedeutet. Die Pest wird durch Ratten und Flöhe übertragen. Ausgelöst wird die Pest durch das Bakterium Yersinia pestis, benannt nach seinem Entdecker Alexandre Émile Jean Yersin. Streng genommen ist die Pest keine menschliche Krankheit sondern eine Krankheit die häufig Tiere, wie zum Beispiel Ratten, befällt. Sie wird daher auch als Zoonose bezeichnet. Im Mittelalter war sie eine der häufigsten Krankheiten neben Syphilis und Cholera. Heut zu Tage ist die Pest eine der vier Quarantänekrankheiten nach der WHO. Zur damaligen Zeit verlief die Krankheit eigentlich immer tödlich heute kann sie dank modernster Medizintechnik behandelt werden. Es gibt sieben verschiedene Pestarten: Lungenpest, Beulenpest (Bubonenpest), Pestsepsis, abortive Pest, Hautpest, Pest-Pharigitis und Pest-Menigitis. Die ersten drei Arten sind jedoch die am häufigsten vorkommenden. [1]

3. Die Pest in der Vergangenheit

Anfang bis Mitte des 14. Jahrhunderts brach die große Pest in Europa aus. Es hatte zwar bereits vorher im vorderen Orient des Öfteren Pestausbrüche gegeben, diese waren jedoch nur kurz und verschwanden dann wieder für einige hundert Jahre. Vermutlich kam die Pest, auch bekannt unter dem Namen der ersten großen Epidemie „Schwarze Tod", über den Seeweg von Konstantinopel, dem heutigen Istanbul, nach Europa. Sie konnte sich auf Grund der mangelnden Hygiene und Müllentsorgung schnell in den Städten verbreiten. Auf Grund dessen, das die meisten Menschen fußläufig aus den Städten vor der Pest flüchteten konnte sich die Pest in ganzen Landstrichen verbreiten. So forderte die Pest über 25 Millionen Todesopfer in ganz Europa. Aber auch die restliche Welt wurde von der Pest erreicht. So wütete ab dem Jahr 541 eine Pest im Mittelmeerraum und in Europa. Mit der „Justitianischen Pest" gab es auch während dieser Pandemie eine große Epidemie. Die dritte Pandemie ist seit 1894 bis heute immer noch nicht vollständig bekämpft, der letzte große Ausbruch liegt jedoch schon über 100 Jahre zurück.

3.1 Der „Schwarze Tod"

Der Schwarze Tod ist die erste große europäische Epidemie, die von 1347-1352 reichte. Häufig wird die Zweite Pandemie als Schwarzer Tod bezeichnet, dies ist jedoch falsch. Der Schwarze Tod gilt als Ursache dafür, dass damals um die 25 Millionen Menschen gestorben sind. Der Ursprung dieser Pest sind die Steppen Asiens. Über Seewege ist sie dann schließlich in Istanbul, dem damaligen Konstantinopel, gelandet. Und hat sich dann in ganz Europa verbreitet. Der Schwarze Tod trat in zwei Pestwellen auf, die erste ging von 1347-1352 und die zweite trat dann nochmal 1360 auf. Die Folgen dieser zwei Pestwellen waren, dass die Bevölkerungszahl, in den darauffolgenden Jahren, sich sehr gering gehalten hat. Die Menschen suchten darauf hin einen Sündenbock für die Pest und erklärten sich diese Krankheit als Strafe Gottes oder durch eine ungünstige Stellung der Winde.

4. Die Pest aus biologischer Sicht

Damals und heute war der Pesterreger derselbe, sein Name lautet Yersinia pestis. Zu diesem Ergebnis ist ein internationales Forscherteam gekommen. Dazu hat das Team um Dr. Johannes Krause Skelette eines Londoner Pestfriedhofs untersucht und die 10.000 DNA-Positionen entschlüsselt. Dank der modernen Technik kam man zu dem Ergebnis, dass ein Teil der Erbinformation in den letzten 600 Jahren sich kaum verändert hat.

4.1 Der Erreger Yersina pestis

Alexandre Émile Jean Yersin war Beauftragter zur Untersuchung der Pest in China und erkannte in den Pestbeulen der Leichname den Erreger Yersinia pestis. Zudem wurde die Ratte als Überträger des Bakteriums identifiziert, womit Yersin ein medizinischer Durchbruch gelang. Yersinia petis ist aber nicht die einzige Art des Genus *Yersina* in der Familie Enterobacteriaceae. Es gibt zu dem die Arten *Yersinia enterocolitica, Yersinia pseudotubercolosis, Yersinia ruckeri, Yersinia kristesenii, Yersinia bercoveri, Yersinia fredrikensii, Yersinia mollaretti* und *Yersinia intermedia*. Die ersten beiden sind als Erreger der Pseudotuberkulose und das dritte als Erreger für Rotmaulseuche bekannt. Yersinien

„Yesinien sind anaerob bis fakultativ anaerob. Ihre Zellen sind meistens kokkobazilär und färben sich gramnegativ. Außerdem können sie pleomorph sein" (www.yersiniapestis.info/baktertium vom 1.6.17).

Die einzelnen Yersinien sind häufig miteinander verwandt. So geht man davon aus, dass Yersinia pestis vor 15.000-20.000 Jahren aus Yersinia pseudotuberculosis hervorgegangen ist. Allgemein lässt sich Yersinia pestis in vier sogenannte Biovare unterteilen. Antiqua, Orientalis, Mediaevalis und seit neusten Erkenntnissen auch Microtus. Yersinien sind häufig miteinander verwandt. So geht man davon aus, dass Yersinia pestis vor 15.000-20.000 Jahren aus *Yersinia pseudotuberculosis* hervorgegangen ist. Bis auf letzteres werden alle auf Grund der Fähigkeit zu Nitaratreduktion, Glycerolvergärung und Ammoniakproduktion unterschieden. Letzteres differenziert sich durch seine fehlende Pathogenität. Zu dem kann den ersten drei eine der drei großen Pandemien zugeordnet werden. Antiqua, welches vor allem in Afrika zu finden ist, gilt als Auslöser der Justinianischen Pest. Mediaevalis tritt in Zentralasien auf und gilt als Auslöser des Schwarzen Tods. Die moderne Pest wird durch Orientalis ausgelöst, weshalb dieses Biovar am weitesten verbreitet ist. „ Yersinia pestis ist ein kurzes, plumpes, ungegeißeltes und dadurch unbewegliches Stäbchenbakterium. Ab 37°C ist es von einer Kapsel umgeben. Es ist 0,5 bis 0,8 Mikrometer breit und 1-1,3 Mikrometer lang."(www.yersiniapestis.info/bakterium vom 1.6.17)

4.2 Entstehung und Verlauf der Krankheit

Bei der Entstehung der Krankheit spielt der Rattenfloh (*Xenopsylla cheopsis*) eine wichtige Rolle. Wird die Krankheit direkt übertragen geschieht dies meistens durch einen Biss de soeben genannten Flohs. Neben der Infektion durch sogenannte Ektoparasiten, kann das Bakterium auch eingeatmet werden. Es ist jedoch wahrscheinlicher durch einen Floh infiziert zu werden. Damit dieser einen Menschen infizieren kann muss er zuerst das Blut eines Tieres aufnehmen und dies in seinem Vormagen verdauen. Dort reif das Bakterium dann heran und vermehrt sich um ein vielfaches. Nun kommt es zu einem erneuten Biss des Flohes, wobei er die Bakterien aus seinem Magen in die Bisswunde des Opfers erbricht. Die Gefahr bei Yersinia pestis liegt darin, dass es sich sowohl interzellulär als auch extrazellulär vermehren kann. Obwohl es sich bei Yersinia pestis um ein Bakterium handelt kann es sich dank spezieller Proteine in Zellen einnisten und sich so weiter vermehren. Durch die Einnistung ist es dem Bakterium möglich auch in tiefere Gewebeschichten vorzudringen, was sonst nicht möglich wäre. Die Einnistung in den Zellen bringt jedoch noch einen weiteren Vorteil und zwar, dass die Bakterien dort vor Antikörper, Antibiotika und Phagozyten geschützt sind. Die interzelluläre Vermehrung hilft Yersinia pestis zudem alle Virulenzfaktoren auszubilden, die beim menschlichen Organismus nicht von Anfang an vorhanden sind. Wenn die antiphagozytären Phatogene nicht exprimiert sind, werden die Bakterien durch die Granulozyten unschädlich gemacht. Aufgrund dessen beginnt das Bakterium sofort nicht aktivierte Fresszellen und

Epithelzellen zu befallen und sich dort unter Bläschen- und Pustelbildung weiterzuvermehren. Bei 37°C kann nun die volle Virulenz entfaltet werden was vorher nicht möglich war. Eine schützende Kapsel und Invasionsproteine werden gebildet. Nun können die Bakterien aus dem Lymphsystem in die Lymphknoten gelangen, welche durch vermehrte Leukozytenbildung sich entzünden und zu eitern beginnen. Die Vermehrung kann nun, durch die Senkung der Abwehrkräfte weiter vorangetrieben werden. Die Bakterien gelangen in die Blutbahn, indem die Barriere der Lymphknoten durch eine Überbelastung mit Pestbakterien zusammenbricht. Eine Sepsis resultiert daraus und die Organe werden nach und nach von den Bakterien befallen. Dadurch, dass der ganze Körper von Blutbahnen durchzogen ist können die Bakterien auch in die Lunge geraten wodurch eine Lungenpest ausgelöst werden kann. Auch wenn der Körper gegen den Erreger ankämpft kommt es aufgrund der schnellen Vermehrung zu Atemnot und Lungenentzündungen. In den Blutbahnne kommt es zu Verklumpungen. Durch diese Blutgerinnung werden immer mehr Gerinnungsfaktoren beispielsweise Fibrinogen aufgebraucht. Dank eines Plasminogen-Aktivator-Proteins kann Yersinia pestis das Fibrinogen auflösen. Eine jetzt auftretende Blutung kann aufgrund der mangelnden Gerinnungsfaktoren nur noch schlecht gestillt werden. Die Krankheit würde in so einem Fall schon mit dem Tod enden. Ist die Krankheit im Endstadium kommt es zu einer Reduzierung der Pumpkraft des Herzens, woraus Herzversagen, Kreislaufschwäche und der Tod des Wirts resultieren.

4.3 Virulenzfaktoren

Yersinia pestis kann bis zu drei Plasmide besitzen auf denen verschiedene Virulenzgene sitzen. Die Plasmakodierung ist dabei eine eigenständige Erbinformation unabhängig der Plasmide.

4.4 Arten der Pest

Es gibt weltweit sieben unterschiedliche Pestarten. Im Falle einer Pandemie treten alle dieser Arten auf.

4.4.1 Beulenpest

Die Beulenpest ist mit 75-97% die häufigste Form der natürlich auftretenden Pest. Sie wird auch Bubonenpest, was aus dem Lateinischen Wort „bubo" kommt, was Beule bedeutet, genannt. Pestsepsis und sekundäre Lungenpest können die Folgen einer unbehandelten Beulenpest sein. Normalerweise wird die Person durch den Biss eines Flohs infiziert, es kann aber auch passieren, dass die Person durch direkte Inokulation infiziert wird. Dies geschieht zum Beispiel dann, wenn man mit einer Pest verseuchten Nadel gespritzt wird. Bei der Beulenpest beträgt die durchschnittliche Inkubationszeit ein bis sieben Tage. Das anfänglich hohe Fieber von 41°C bleibt während des gesamten Krankheitsverlaufs lebensgefährlich hoch. Kopf- und Gliederschmerzen, Schüttelfrost, Schwindelgefühl, Benommenheit und ein starkes Krankheitsgefühl sind typisch für den Verlauf dieser Krankheit. Weitere aber deutlich seltenere Krankheitserscheinungen sind niedriger Blutdruck, Beklemmung, Angst und eine Verminderung der Harnausscheidung, bis zur völligen Einstellung des Harnabtransports. Eines der bekanntesten Symptome ist die, erst nach 24 Stunden auftretende Beule. Sie bildet sich dadurch, dass die infizierten Lymphknoten anschwellen. Diese Primärbeule, die in der Regel ein bis zehn Zentimeter groß ist, tritt in 10-20% der Fälle im Bereich der Achseln und in 5-10% im Halswirbelbereich auf. Am häufigsten tritt die Beule jedoch, mit 65-75% in der Leistengegend auf. Die Beule ist von einem schwarzen Ödem umgeben, die Haut über ihr ist warm und wie im Falle einer Entzündung leicht gerötet. Anfangs ist die Beule hart wird jedoch mit der Zunahme von körpereigenen Abwehrzellen immer eitriger und weicher. In der Nähe der Stellen, wo der Floh den Menschen gebissen hat, kann es zur Bildung von Blasen, Pusteln und Hautgeschwüren kommen sowie kann es zur Entstehung von schorfigen Stellen kommen. Die Krankheit befällt am Ende der ersten Woche weitere Lymphknoten, wodurch es auch dort zu Schwellungen und Beulenbildung kommen kann

4.4.2 Lungenpest

Man unterscheidet bei der Lungenpest nach zwei Arten der Infizierung und zwar zwischen der primären und sekundärern Lungenpest. Die sekundäre Lungenpest wird durch eine Komplikation der Pestsepsis und der Beulenpest ausgelöst. Die primäre Lungenpest wird dagegen über Tröpfcheninfektion verbreitet. „Die Inkubationszeit ist sehr gering und liegt bei wenigen Stunden bis 4 Tagen" (www.yersiniapestis.info/krankheit vom 1.6.17)

Dadurch ist die Lungenpest die sich am schnellsten entwickelnde Pestform. Dadurch, dass die Abwehrbarrieren in den Lymphknoten umgangen wurden verläuft die primäre Lungenpest heftiger als die sekundäre Lungenpest. Plötzlich auftretendes Fieber, Schüttelfrost, Angeschlagenheit, Schwindel, Muskelschmerzen und Kopfschmerzen sind die typischen Symptome für eine Lungenpest-Erkrankung. Zudem treten pulmonale Zeichen wie schwarz-blutiger Auswurf, Atemnot, Schmerzen im Brustkorb und Atemnot auf. Das Abhusten des hochinfektiösen Auswurfs ist dabei sehr schmerzhaft. Aufgrund des Sauerstoffmangels kann es zu einer Blaufärbung der Haut kommen. Dies tritt vor allem an dünnen Hautstellen wie zum Beispiel den Lippen auf. Auch gastrointerale Symptome sind möglich, wie etwa Durchfall, Erbrechen, Bauchschmerzen.

4.4.3 Pestsepsis

Die Pestsepsis kann durch die Infektion von Wunden, also des Blutes von außen entstehen. „Sie kann aber auch durch Komplikation der Beulen- und Lungenpest entstehen" (www.yersiniapestis.info/krankheit vom 1.6.17) Die Erreger könne sich durch die Blutbahnen rasant im ganzen Körper verteilen. Auch hier ist Fieber eines der Symptome

BEI GRIN MACHT SICH IHR WISSEN BEZAHLT

- Wir veröffentlichen Ihre Hausarbeit, Bachelor- und Masterarbeit

- Ihr eigenes eBook und Buch - weltweit in allen wichtigen Shops

- Verdienen Sie an jedem Verkauf

Jetzt bei www.GRIN.com hochladen und kostenlos publizieren